科学のアルバム

シカのくらし

増田戻樹

あかね書房

もくじ

監修●理学博士　伊藤健雄
イラスト●増田智恵子　渡辺洋二　林　四郎
装丁●画工舎

科学のアルバム

シカのくらし

増田戻樹（ますだ　もどき）

一九五〇年、東京都に生まれる。幼《おさな》いころからの動物好きで、高校生のころより、写真に興味《きょうみ》をもつ。都立農芸高校を卒業後、動物商《どうぶつしょう》に勤務《きんむ》。一九七一年より、フリーの写真家として独立《どくりつ》。一九八四年より、山梨《やまなし》県小渕沢《こぶちざわ》町に移《うつ》り住み、おもに、近隣《きんりん》の動植物を撮《と》りつづけている。

著書《ちょしょ》に「オコジョのすむ谷」「森に帰ったラッちゃん」「子リスをそだてた森」「海をわたるツル」（共にあかね書房）、「ヤマネ家族」（河出書房新社）、「オコジョ―白い谷の妖精《ようせい》」（講談社）、「ニホンリス」（文一総合出版）、「夜の美術館《びじゅつかん》―八ヶ岳星座物語」（世界文化社）など多数ある。

三陸海岸《さんりくかいがん》の南《みなみ》のはしにつきでた牡鹿半島《おしかはんとう》。
この半島《はんとう》の沖《おき》にうかぶ小《ちい》さな島《しま》に、
野生《やせい》のニホンジカがすんでいます。
どんなくらしをしているのでしょう。

●にげる途中《とちゅう》でたちどまり、ふりかえってようすをうかがうおすジカ。野生《やせい》のシカは人間《にんげん》と出会《であ》うと、キュンと鳴《な》いてにげていきます。

シカのいる島《しま》

野《や》生《せい》のシカがすんでいる島《しま》は、金華《きんか》山《さん》島《とう》という島《しま》です。この島《しま》は宮《みや》城《ぎ》県《けん》の牡《お》鹿《しか》半《はん》島《とう》の先《さき》にある、周《しゅう》囲《い》二十六キロメートルの小《ちい》さな島《しま》で、まわりの大《だい》部《ぶ》分《ぶん》はけわしいがけにかこまれています。

島《しま》全《ぜん》体《たい》は、ブナやモミなどの原《げん》生《せい》林《りん》におおわれ、根《ね》もとにはハンゴンソウやシダなどが、たくさんはえています。

この島《しま》では、約《やく》五百頭《ひゃくとう》のニホンジカが、島《しま》にはえている草《くさ》や木《き》の葉《は》を食《た》べてくらしています。島《しま》にはシカの敵《てき》になる野《や》生《せい》動《どう》物《ぶつ》がいないので、島《しま》全《ぜん》体《たい》が、シカの楽《らく》園《えん》のようにみえます。

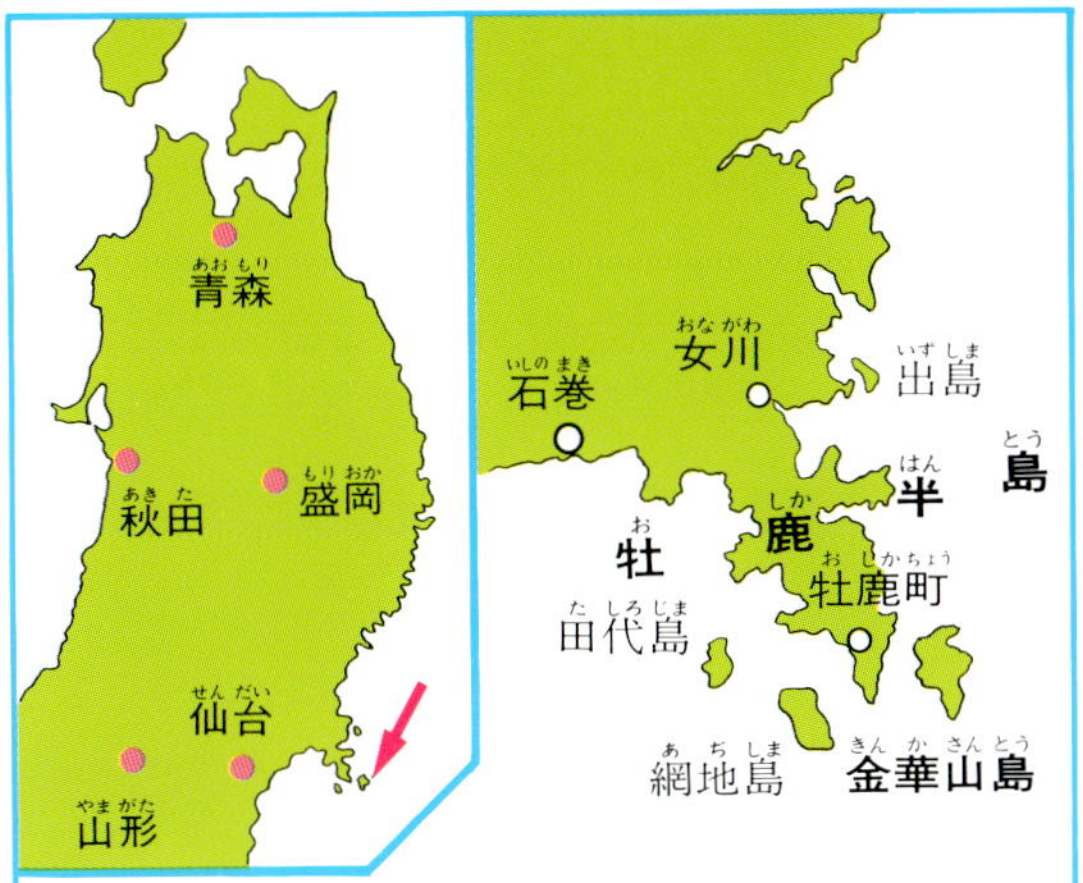

● 金華山島付近《きんかさんとうふきん》の地図《ちず》

➡海上《かいじょう》からみた金華山島《きんかさんとう》。牡鹿半島《おしかはんとう》の南東《なんとう》約《やく》1 km の地点《ちてん》にあります。中央《ちゅうおう》の山《やま》は標高《ひょうこう》 445 m あります。島《しま》の沖合《おきあ》いでは暖流《だんりゅう》と寒流《かんりゅう》がぶつかりあい，よい漁場《ぎょじょう》としてしられています。

⬇がけの近《ちか》くでみつけたシカの群《む》れ。島《しま》のあちこちに，シバのはえているところがありシカのえさ場《ば》の一つになっています。島《しま》にある黄金山神社《こがねやまじんじゃ》では，“神《かみ》の使《つか》い”として，シカの一部《いちぶ》をたいせつに保護《ほご》しています。

⬆サルと出会《であ》ったシカ。おなじ山《やま》にすんでいるので，出会《であ》うことはよくありますが，おたがいに無関心《むかんしん》です。この島《しま》のサルは，まったくの野生《やせい》で，えづけをされているものはいません。

金華山島《きんかさんとう》には、シカのほかに、ニホンザルも百頭《とう》くらいすんでいます。

ニホンザルは、山《やま》の中《なか》で、いくつかの群《む》れにわかれてくらしていますが、ときどき山《やま》からおりてきて、シカの群《む》れといっしょになることもあります。

また、この島《しま》にはハシブトガラスがとくに多《おお》く、シカの群《む》れのそばをとびまわっています。シカのからだにつくダニなどが、カラスのえさになるのです。ときには、弱《よわ》っているシカやサルの子《こ》どもに、おそいかかることもあるようです。

➡人家《じんか》の近《ちか》くで，ニワトリとであったシカ。島《しま》には神社《じんじゃ》のほかに，島《しま》ではたらく人《ひと》たちの家《いえ》が数《すう》けんあります。人《ひと》なれしているシカもあり，ときどき人家《じんか》の庭先《にわさき》にやってくるシカがいます。

⬇シカにとびのったハシブトガラス。シカのからだは，ダニ，アブ，ヤマビルなどの血《ち》をすう虫《むし》がよく寄生《きせい》します。ダニはカラスの好物《こうぶつ》のようで，シカのまわりには，よくカラスが群《む》れています。

⬇立《た》ちあがってガマズミの葉《は》を食《た》べるめすジカ。低《ひく》いところにある木《き》の葉《は》がなくなってくると，後《うし》ろ足《あし》で立《た》ちあがって，高《たか》いところにある葉《は》を食《た》べることがあります。シカは木《き》の芽《め》や葉《は》もよく食《た》べるので，島《しま》には食《く》いあらされて変形《へんけい》した木《き》がめだちます。

➡アザミを食《た》べるシカ。葉《は》やくきばかりでなく，花《はな》まで食《た》べることがあります。
⬇アザミを食《た》べたあと。根《ね》もとまでは食《た》べません。

⬆シカ道《みち》。シカの群《む》れがあちこちに移動《いどう》するので，島《しま》にはこのようなシカ道《みち》がたくさんあります。

シカの一日《にち》

シカは、おもに※朝《あさ》と夕方《ゆうがた》に木《き》の葉《は》や草《くさ》などのえさを食《た》べます。昼間《ひるま》は、休《やす》んだり反《はん》すうをしたりします。

反《はん》すうとは、〝かみなおし〟をすることです。一度食《どた》べたえさを、しばらくして、もう一度口《どくち》にもどし、ゆっくりかみなおすのです。

夜《よる》も、ずっとねむりつづけることはなく、ときどきえさを食《た》べたりします。

シカが、えさなどをもとめて移動《いどう》するコースは、わりあい一定《いってい》していて、その場所《ばしょ》はふみかためられて、道《みち》のようになっています。これをシカ道《みち》とよびます。

※くわしくみると、夏《なつ》と冬《ふゆ》とではちがっています。52～53ページもみてください。

⬆冬毛《ふゆげ》でつつまれためすの群《む》れ。森《もり》の中《なか》などにいるときは2～3頭《とう》のことが多《おお》く，広《ひろ》い草原《そうげん》などでは数《すう》10頭《とう》をこえる群《む》れになることもあります。

群《む》れでくらすシカ

シカは、ふだんおすとめすが別《べつ》べつの群《む》れをつくってくらしています。めすの群《む》れは、母親《ははおや》と子《こ》どもといった、血《ち》のつながりのあるものが、いく組《くみ》かあつまってできています。

おすの群《む》れのシカは、めすの群《む》れのように、とくに血《ち》のつながりはありません。また、単独《たんどく》でくらしているおすジカも多《おお》くいます。

↑冬毛《ふゆげ》でつつまれたおすの群《む》れ。ふつう１～数頭《すうとう》ですが，ときには10頭《とう》をこえることもあります。ふだんは，めすの群《む》れと関係《かんけい》なく移動《いどう》しています。シカの群《む》れには，サルのようなはっきりしたリーダーはいないようですが，おすの群《む》れでは，角《つの》の大《おお》きいものほど，強《つよ》い地位《ちい》にあるようです。

←えさをめぐってあらそうシカ。おすジカはあらそうとき，ふつう角《つの》をつかいますが，角《つの》が落《お》ちてないときなどは，後《うし》ろ足《あし》で立《た》ちあがり，前足《まえあし》でけることがあります。

↑落《お》ちていた角《つの》。角《つの》のえだわかれの数《かず》から，4才《さい》以上《いじょう》のシカのものとわかります。(角《つの》のえだわかれについては44～45ページ参照《さんしょう》)

↑片方《かたほう》の角《つの》が落《お》ちたおすジカ。角《つの》は，木《き》のえだにひっかけたりしたときに落《お》ちるので，両方《りょうほう》どうじに落《お》ちることはないようです。

おすジカの変化《へんか》

四月《がつ》中旬《ちゅうじゅん》、シカのからだに、さまざまな変化《へんか》がおきてきました。冬《ふゆ》にくらべて毛《け》なみがわるくなり、ぬけはじめました。寒《さむ》さからからだをまもっていた冬毛《ふゆげ》が、毛足《けあし》の短《みじか》い夏毛《なつげ》にかわりはじめたのです。

おすジカには、もっと大《おお》きな変化《へんか》があらわれました。角《つの》のないおすがでてきたのです。角《つの》が根《ね》もとから落《お》ちてしまったためです。角《つの》がとれたあとに、血《ち》がにじんでいるものもいました。なぜ落《お》ちたのでしょう。角《つの》は、またはえてくるのでしょうか。

→出産《しゅっさん》がま近《ちか》いめすジカ。群《む》れをはなれるときはふつう１頭《とう》ですが，なかには，去年《きょねん》生《う》んだ子《こ》どもをつれていることもあります。１回《かい》の出産《しゅっさん》で，１頭《とう》の子《こ》どもが生《う》まれます。

←草《くさ》むらにかくれるめすジカ。出《しゅっ》産《さん》の場所《ばしょ》は，敵《てき》の目《め》のとどかないしげみや草《くさ》むらがえらばれます。巣《す》のようなものはつくりません。

めすジカの変化《へんか》

五月《がつ》も半《なか》ばをすぎると、めすジカの群《む》れにも変化《へんか》があらわれてきました。

群《む》れからはなれて、一頭《とう》だけでくらすめすジカがいます。うごきがにぶく、よくみると、そのめすジカのおなかが、大《おお》きくふくらんでいます。

シカは、秋《あき》に結婚《けっこん》をして、よく年《ねん》の春《はる》から夏《なつ》にかけて出産《しゅっさん》するといわれています。どうやら、このめすジカは、おなかに子《こ》どもがいるようです。

出産《しゅっさん》がまぢかになったのでしょう。めすジカは、みどりの葉《は》がおいしげる山《やま》の中《なか》にきえていきました。

←出産後《しゅっさんご》まもないシカの親子《おやこ》。子《こ》ジカの体長《たいちょう》は、約《やく》三十〜四十センチ。濃《こ》い茶色《ちゃいろ》の毛《け》に、白《しろ》いはんもんがあります。このころの森《もり》には、若《わか》葉《ば》がおいしげり、木《こ》もれ日《び》がちらちらとゆれうごきます。そんなしげみの中《なか》では、子《こ》ジカのはんもんが木《こ》もれ日《ひ》とまじりあって、まわりのけしきとみわけがつかなくなります。

誕生《たんじょう》

山《やま》で、シカの親子《おやこ》をみつけたのは、それから数日後《すうじつご》でした。子《こ》ジカは、やっと立《た》てるようになったばかりで、まだ足《あし》がふらふらしています。

母《はは》ジカは、子《こ》ジカのからだをなめまわしていましたが、やがて子《こ》ジカをしげみにのこしてはなれていきました。

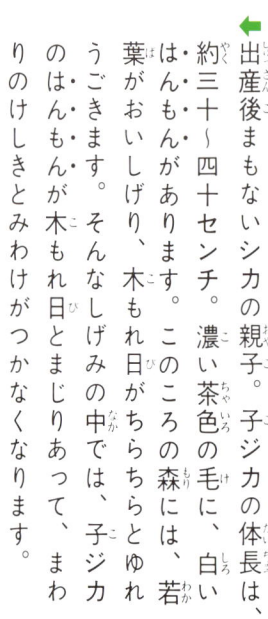

しげみの中《なか》で，じっと母《はは》ジカをまつ子《こ》ジカ。

母《はは》ジカは、ふつう子《こ》どもをしげみや草《くさ》むらにのこしたまま、えさを食《た》べにいきます。しげみや草《くさ》むらにのこされた子《こ》どもには、きけんがないのでしょうか。

しげみにじっとうずくまっていれば、からだのはんもんが、敵《てき》から姿《すがた》をくらます役《やく》目《め》をしてくれます。また、このころの草《くさ》むらは草《くさ》たけが高《たか》く、そこに子《こ》ジカがうずくまると、どこにいるかわかりません。

群《む》れの行動《こうどう》についていくだけの体力《たいりょく》が、まだないうちは、子《こ》ジカは、しげみや草《くさ》むらでじっとしている方《ほう》が安全《あんぜん》なのでしょう。

母親《ははおや》は授乳《じゅにゅう》のとき以外《いがい》、子《こ》ジカからはなれていますが、夜《よる》はずっといっしょです。

↓乳《ちち》をのむ子《こ》ジカ。子《こ》ジカが鼻《はな》で母《はは》ジカの乳首《ちくび》をつつくと，それがしげきになって乳《ちち》がよくでます。母《はは》ジカが「クウー」という低《ひく》い声《こえ》の合図《あいず》をしたとき，乳《ちち》をもらえます。授乳《じゅにゅう》の時間《じかん》は短《みじか》く，１回《かい》がわずかに数《すう》10秒間《びょうかん》です。

⬆子《こ》ジカに口《くち》づけをする母《はは》ジカ。生《う》まれてから3週間《しゅうかん》もすれば，子《こ》ジカは，母《はは》ジカのあとからついて歩《ある》けるようになります。しかし，いつどんなきけんな目《め》にあうかわかりません。母《はは》ジカは，いつもまわりをけいかいしています。

⬆草《くさ》を食《た》べるまねをする子《こ》ジカ。子《こ》ジカは，母《はは》親《おや》の行動《こうどう》をまねながら，自然《しぜん》の中《なか》で生《い》きる方《ほう》法《ほう》を身《み》につけていきます。

子《こ》ジカの成長《せいちょう》

子《こ》ジカが生《う》まれて、二週間《しゅうかん》がすぎました。ときどき母《はは》ジカが、じっとかくれている子《こ》ジカのもとにもどります。

母《はは》ジカは、子《こ》ジカにあうと、かならず口《くち》づけをしたり、においをかいだりします。子《こ》ジカは、母親《ははおや》のそばで、とびはねたり、乳《ちち》をねだったりします。

また、子《こ》ジカは、ときどき草《くさ》を食《た》べるしぐさをします。でも、これはまねだけで、まだ母《はは》ジカの乳《ちち》でそだっています。

➡つれだって群《む》れにもどる親子《おやこ》。子《こ》ジカが，ほかのシカとおなじくらいはやく走《はし》れるようになると，母《はは》ジカは子《こ》ジカを群《む》れにつれていきます。子《こ》ジカは，母《はは》ジカのからだにぴったりすいつくようにして歩《ある》いていきます。

群《む》れにもどる親子《おやこ》

初夏《しょか》、めすの群《む》れが、きゅうににぎやかになってきました。母《はは》ジカたちが、それぞれ成長《せいちょう》した子《こ》ジカをつれてきたのです。

子《こ》ジカどうしが、じゃれあうように群《む》れのまわりをとびはねます。

ほかのめすジカは、あらたにくわわった子《こ》ジカに、口《くち》づけをしたり、舌《した》でなめまわしたりします。

こうして、子《こ》ジカは、めすジカにまもられながら、群《む》れのルールや、生《い》きるための知恵《ちえ》を学《まな》びとっていくのです。

⬇出会《であ》ったシカの親子《おやこ》。写真《しゃしん》の右《みぎ》から左《ひだり》へ，母《はは》ジカ，群《む》れにくわわったばかりの子《こ》ジカ，去年《きょねん》生《う》まれた子《こ》ジカ（満《まん》１才《さい》），その子《こ》ジカの母親《ははおや》。母《はは》ジカからはなれて，子《こ》ジカどうしが，群《む》れのまわりであそんでいることもありますが，授乳《じゅにゅう》の時間《じかん》になると，それぞれの母《はは》ジカのところにもどります。

↑森《もり》で出《で》会《あ》ったおすジカ。春《はる》に落《お》ちた角《つの》のあとから，先《さき》がまるい角《つの》（袋角《ふくろつの》）がはえはじめ，初夏《しょか》にはだいぶ大《おお》きくなります。角《つの》の成長《せいちょう》はシカによってずれがありますが，秋《あき》には，いずれもたくましい角《つの》になります。

←くぼ地《ち》をとびこえる子《こ》ジカ。夏《なつ》ごろには，からだも親《おや》の3分《ぶん》の1ぐらいの大《おお》きさになり，走《はし》ることやジャンプは親《おや》にまけないくらいになります。このころになると，主食《しゅしょく》は乳《ちち》から草《くさ》にかわります。そして，多《おお》くは，冬《ふゆ》ごろまでに離乳《りにゅう》します。

↑おすとめすがまじりあった群《む》れ。めすの群《む》れに，１頭《とう》また１頭《とう》と，おすジカがくわわってきます。めすジカの何頭《なんとう》かが，このおすジカと結婚《けっこん》するでしょう。結婚《けっこん》できる年令《ねんれい》は，おすが３才《さい》ごろ，めすが２才《さい》ごろからとおもわれます。

毛《け》がわりの季節《きせつ》

九月《がつ》、秋《あき》のおとずれとともに、シカの群《む》れに大《おお》きな変化《へんか》がはじまりました。これまで別《べつ》べつの群《む》れでくらしていたおすとめすがまじりあっているのがみられます。

めすの群《む》れに、おすがくわわり、一年《ねん》に一度《ど》だけの結婚《けっこん》の季《き》節《せつ》がはじまろうとしているのです。

シカのからだにも変化《へんか》がみられます。毛《け》が、黒《くろ》っぽくなってきました。白《しろ》いはんもん

シカの冬《ふゆ》毛《け》。濃《こ》いこげ茶色一色《ちゃいろいっしょく》になります。毛足《けあし》は約《やく》10㎝。

シカの夏《なつ》毛《け》。明《あか》るい茶色《ちゃいろ》に，白《しろ》いはんもんがあります。毛足《けあし》は約《やく》5～6㎝。

冬《ふゆ》毛《げ》にかわりはじめたおす。毛《け》がわりの時期《じき》は，おすの方《ほう》がめすより1か月《げつ》ほど早《はや》くはじまりますが，個体《こたい》によっても差《さ》があります。また，おすの首《くび》にはたてがみもはえてきます。冬《ふゆ》毛《げ》は長《なが》いだけでなく，根《ね》もとに綿毛《わたげ》がはえています。

のある夏毛《なつげ》がぬけ落《お》ちはじめ、かわって、こげ茶色《ちゃいろ》の冬毛《ふゆげ》がはえはじめたのです。

角質化《かくしつか》がすすみ，皮《かわ》がとれはじめたおすジカの角《つの》。角《つの》の大《おお》きさから，5才以上《さいいじょう》のシカとおもわれます。

若《わか》いおすジカの角《つの》。不完全《ふかんぜん》で，まだ小形《こがた》。この春生《はるう》まれたおすジカには，来年《らいねん》の春《はる》，小《ちい》さな角《つの》がはえます。

角《つの》の完成《かんせい》

秋《あき》は、おすジカの角《つの》が完成《かんせい》するときです。

角《つの》の成長《せいちょう》がとまると、角《つの》は根《ね》もとからかたい骨《ほね》のような性質《せいしつ》に変化《へんか》（角質化《かくしつか》）しはじめ、どうじに、角《つの》のまわりをおおっていた黒《くろ》っぽい皮《かわ》がやぶれてきます。やぶれた皮《かわ》をはぎとろうとして、さかんに角《つの》を木《き》の幹《みき》やえだにこすりつけているおすジカをみかけます。

完成《かんせい》した角《つの》は、どのシカの角《つの》もおなじ形《かたち》になるとはかぎりません。シカの年令《ねんれい》や栄養状《えいようじょう》態《たい》によってちがいます。しかし、ふつう満《まん》一才《さい》では一本角《ぽんづの》、満《まん》二才《さい》でまたが一つの角《つの》、満《まん》三才《さい》でまたが二つの角《つの》、満《まん》四才《さい》以上《いじょう》では、三つまたの角《つの》がはえることが多《おお》いようです。

●季《き》節《せつ》による角《つの》の変《へん》化《か》

↓木《き》のえだに角《つの》をこすりつけ，やぶれた角《つの》の皮《かわ》をとりのぞこうとしているおすジカ。皮《かわ》がとれ，角質化《かくしつか》していくはやさは，個体《こたい》によってちがいます。角《つの》が完成《かんせい》すると，発情《はつじょう》がきゅうに高《たか》まり，性質《せいしつ》があらあらしくなります。

➡発情期《はつじょうき》をむかえたおすジカ。どろあびをしたあとなので、からだがよごれています。どろあびは、発情期《はつじょうき》のおすだけがおこない、めすはしません。また発情期《はつじょうき》以外《いがい》のおすもしません。

発情期《はつじょうき》の行動《こうどう》

十月《がつ》にはいると、おすジカはこれまでにはみられなかった、かわった行動《こうどう》をとりはじめます。

たとえば、ぬれたどろを全身《ぜんしん》にあびたり、地面《じめん》ににょうをふりかけ、その土《つち》を自分《じぶん》のからだにぬりつけるといった行動《こうどう》です。

だから、この時期《じき》のおすジカのからだは、ひどくよごれており、独《どく》とくなにおいがします。

でも、このにおいが、めすをひきつける、たいせつな役目《やくめ》をしているようです。

どろあびをするおす。どろの中《なか》に，自分《じぶん》のにょうをふりかけてからすることが多《おお》いようです。

にょうをした地面《じめん》をひづめや角《つの》でひっかき，その上《うえ》にねころんだりします。

自分《じぶん》のにょうをかけた草《くさ》などを角《つの》をつかって，からだになすりつけます。

上《うわ》くちびるをめくりあげるおす。めすジカのからだのにおいをかいだり，ときに首《くび》をもちあげて，この行動《こうどう》をします。

おすジカは、ときどき上《うわ》くちびるをめくりあげるという、かわったしぐさをします。また、めすのからだのにおいをかいだりもします。これは、めすの体臭《たいしゅう》から、結婚《けっこん》できるめすかどうかをさぐりあてる行動《こうどう》なのでしょう。

ひびきのあるおすジカの鳴《な》き声《ごえ》がきかれるのも、このころです。

←めすをもとめて鳴《な》くおすジカ。発情期《はつじょうき》のおすジカは、めすをもとめて、「ピュイーヨー」ときこえるかん高《だか》いひびきのある声《こえ》で、二～三回《かい》つづけて鳴《な》きます。昼《ひる》も夜《よる》もよく鳴《な》き、その声《こえ》は遠《とお》くまできこえます。

にらみあいをするおすジカ。大《おお》きな角《つの》をみせつけて，相手《あいて》に自分《じぶん》の強《つよ》さをしめします。

めすのからだをかぐおすジカ。結婚《けっこん》の相手《あいて》をさがすときは，おすは，めすのあとをおい，においをかぎます。

はげしい角《つの》つきあい

めすの群《む》れにいたおすジカが、群《む》れに近《ちか》づいてきたほかのおすジカをみつけ、しばらくにらみあいをつづけていました。とつぜん、ガシーンという音《おと》とどうじに、はげしい角《つの》つきあいがはじまりました。

ザザザザッと、ひづめが地面《じめん》をこすります。からだごと相手《あいて》にぶつかりあうたたかいです。

さきに力《ちから》をゆるめた方《ほう》が負《ま》けです。勝《か》ったおすは、相手《あいて》を群《む》れからおいはらい、結婚《けっこん》相手《あいて》には近《ちか》づけさせません。

↓角《つの》つきあいをするおすジカ。この季節《きせつ》にする角《つの》つきあいは，結婚相手《けっこんあいて》をえるための行動《こうどう》です。２頭《とう》のおすジカの力《ちから》がおなじくらいのときおこなわれます。おたがいに角《つの》で相手《あいて》を力《ちから》いっぱいおしあい，一方《いっぽう》が力《ちから》をゆるめると，それで勝負《しょうぶ》がつきます。勝《か》ったシカは，「グォッ，グォッ」と声《こえ》をだしながら，負《ま》けた相手《あいて》を群《む》れから遠《とお》ざけてしまいます。

⬆シカの夫婦《ふうふ》。結婚《けっこん》をしたおすとめすが，毛《け》づくろいをしていました。愛情《あいじょう》の表現《ひょうげん》なのでしょうか。おすジカは，いつもおなじめすといっしょにいるわけではありません。１頭《とう》のおすは，ふつう数頭《すうとう》のめすと結婚《けっこん》するからです。

結婚後《けっこんご》，めすとわかれたおすの群《む》れ。群《む》れにはいらず単独《たんどく》でくらすおすもいます。

結婚後《けっこんご》のめすの群《む》れ。まんなかのめすは，まだ子《こ》どもなので結婚《けっこん》はしていません。

また、別《べつ》べつの群《む》れに

角《つの》つきあいに勝《か》ったおすジカは、めすジカの群《む》れのなかから数頭《すうとう》の結婚《けっこん》の相手《あいて》をえらびだして、交尾《こうび》をします。なかよく行動《こうどう》をともにしていたシカの夫婦《ふうふ》を、いく組《くみ》もみかけました。

身《み》ごもっためすジカは、春《はる》には、子《こ》ジカを生《う》みおとすことでしょう。

十一月《がつ》、秋《あき》も深《ふか》まり、金華山島《きんかさんとう》の山《やま》やまは、しだいに色《いろ》あせはじめました。

シカの群《む》れに、最後《さいご》の変化《へんか》がおこりました。まざりあってくらしていためすジカとおすジカが、また、別《べつ》べつの群《む》れにわかれてくらすようになったのです。

⬆冬《ふゆ》の朝《あさ》，つれだって行動《こうどう》する親子《おやこ》。子《こ》ジカは生後約《せいごやく》8か月《げつ》とおもわれます。子《こ》ジカがめすの場合《ばあい》，母親《ははおや》とこのままめすの群《む》れにとどまりますが，おすの場合《ばあい》は，よく年《ねん》の出産期《しゅっさんき》までに，親《おや》のもとからはなれていきます。

木《き》の皮《かわ》をかじるおすジカ。冬《ふゆ》は木《き》の皮《かわ》もえさになります。

水《みず》をのみにきたおすジカ。金華山《きんかさん》島《とう》には，あちこちに小川《おがわ》があり，水《みず》は豊富《ほうふ》です。

きびしい冬《ふゆ》

一月《がつ》、シカたちにとっていちばんきびしい季節《きせつ》です。えさになる植物《しょくぶつ》がかれてしまうからです。

さいわい、この島《しま》は雪《ゆき》が少《すく》ないところです。シカたちは、かれた草《くさ》や木《き》の皮《かわ》、ススキの芽《め》ばえなどを食《た》べて、空腹《くうふく》をみたします。

でも、年《とし》老《お》いたシカや、幼《おさな》いシカのなかには、冬《ふゆ》をこせずに死《し》んでいくものも少《すく》なくないようです。

きけんをかんじたときのしり。しりと尾《お》の白《しろ》い毛《け》がさかだち，遠《とお》くからでもよくめだちます。

ふだんのシカのしり。しりと尾《お》の毛《け》はねています。

きけんをしらせる合図《あいず》

金華山島《きんかさんとう》には、肉食《にくしょく》の野生動物《やせいどうぶつ》はいません。しかし、ほかの地方《ちほう》では野生化《やせいか》した犬《いぬ》などが、おさないシカや弱《よわ》ったシカを、おそうことがよくあります。

キュン！

するどいさけび声《ごえ》をあげながら、目《め》のまえを、シカの群《む》れが走《はし》りぬけていきました。どのシカも、しりの白《しろ》い毛《け》をさかだてて、きけんをしらせあっています。

野生《やせい》のシカは人間《にんげん》をみると、きけんな動物《どうぶつ》だとおもってにげていきます。

⬇きけんをかんじてにげるシカの群《む》れ。白《しろ》い毛《け》をさかだてるのは，近《ちか》くにいるなかまたちに，しりをより大《おお》きく，しかもくっきりとめだたせて，身近《みぢか》にきけんが近《ちか》づいたことをしらせるためだといわれています。たまたまシカが１頭《とう》でいるときでも，にげるときは本能的《ほんのうてき》に毛《け》をさかだてます。

二月《がつ》、まだまだ
きびしい毎日《まいにち》が
つづきます。
あとすこしのがまんです。
もうすぐ、金華山《きんかさん》に
ゆたかなみどりが、
もどってきます。

●山《やま》でみかけた親子《おやこ》のシカ。子《こ》ジカは、生後《せいご》約《やく》八か月《げつ》。群《む》れから少《すこ》しはなれたところで、えさをさがしています。

●奇蹄目《きていもく》（ひづめが奇数《きすう》のもの）　※数字《すうじ》はひづめの数《かず》

ウマ(1)

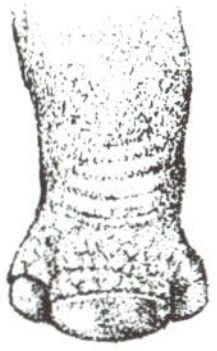
サイ(3)

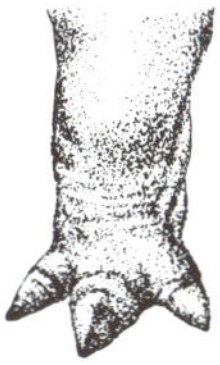
バク(3)

●偶蹄目《ぐうていもく》（ひづめが偶数《ぐうすう》のもの）

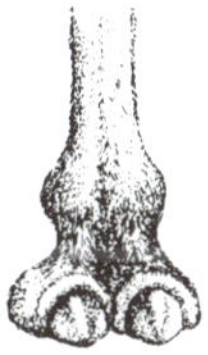
ラクダ(2)

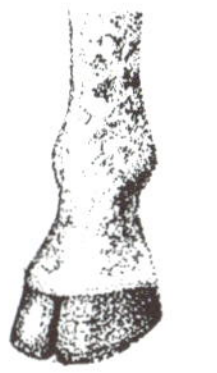
キリン(2)

ウシ(2)

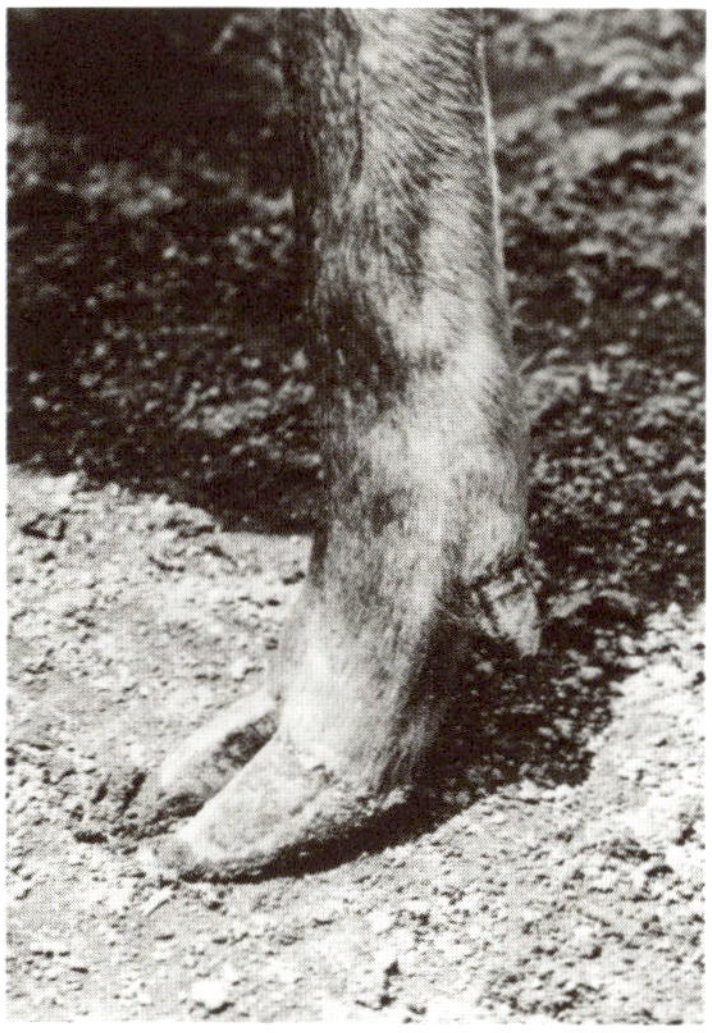
↑シカのひづめ（２つ）。ひづめは５本《ほん》の指《ゆび》が変化《へんか》したものですが，５つのひづめをもつ動物《どうぶつ》はなく，多《おお》くて４つです。

シカは、有蹄類《ゆうているい》というグループに属《ぞく》している動物《どうぶつ》です。足《あし》に〝ひづめ〟をもっていることが、シカの大《おお》きなとくちょうです。

ひづめは、足《あし》の指《ゆび》が変化《へんか》したもので、人間《にんげん》でいえば、ちょうどつまさきの部分《ぶぶん》にあたります。つまり、シカは、いつでも、つまさきの部分《ぶぶん》で立《た》っているということになります。

ひづめの利点《りてん》は、走《はし》るのに適《てき》したしくみになっている点《てん》です。ひづめをもった動物《どうぶつ》は、草食《そうしょく》動物《どうぶつ》に多《おお》く、肉食動物《にくしょくどうぶつ》から身《み》をまもるための、速《はや》く走《はし》ることができる武器《ぶき》として、発達《はったつ》してきたものとおもわれます。

有蹄類《ゆうているい》は、種類《しゅるい》によってひづめの数《かず》が奇数《きすう》のものと、偶数《ぐうすう》のものにわかれます。シカのひづめは偶数《ぐうすう》（二つ）です。しかも左右《さゆう》にひらいて、すべりどめの役目《やくめ》もします。野山《のやま》でくらすシカにとって、とてもぐあいのいいひづめです。

↑第《だい》一の胃《い》。小《ちい》さな突起《とっき》がでていて，えさを分解《ぶんかい》します。

→ニホンジカの頭《あたま》の骨《ほね》。反《はん》すうをする動物《どうぶつ》の多《おお》くには，上《うわ》あごに門歯《もんし》や犬歯《けんし》がありません。

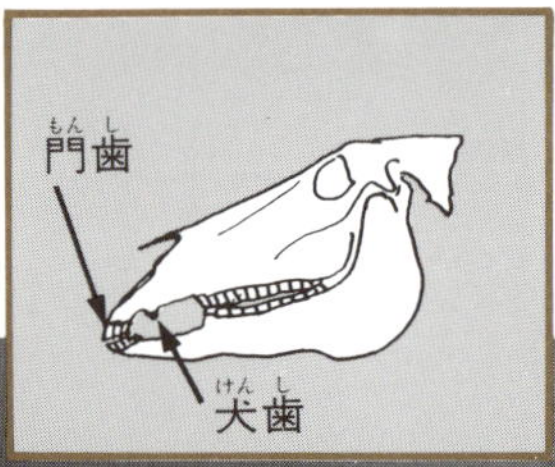

←ウマの頭《あたま》の骨《ほね》。上《うわ》あごに門歯《もんし》と犬歯《けんし》があります。

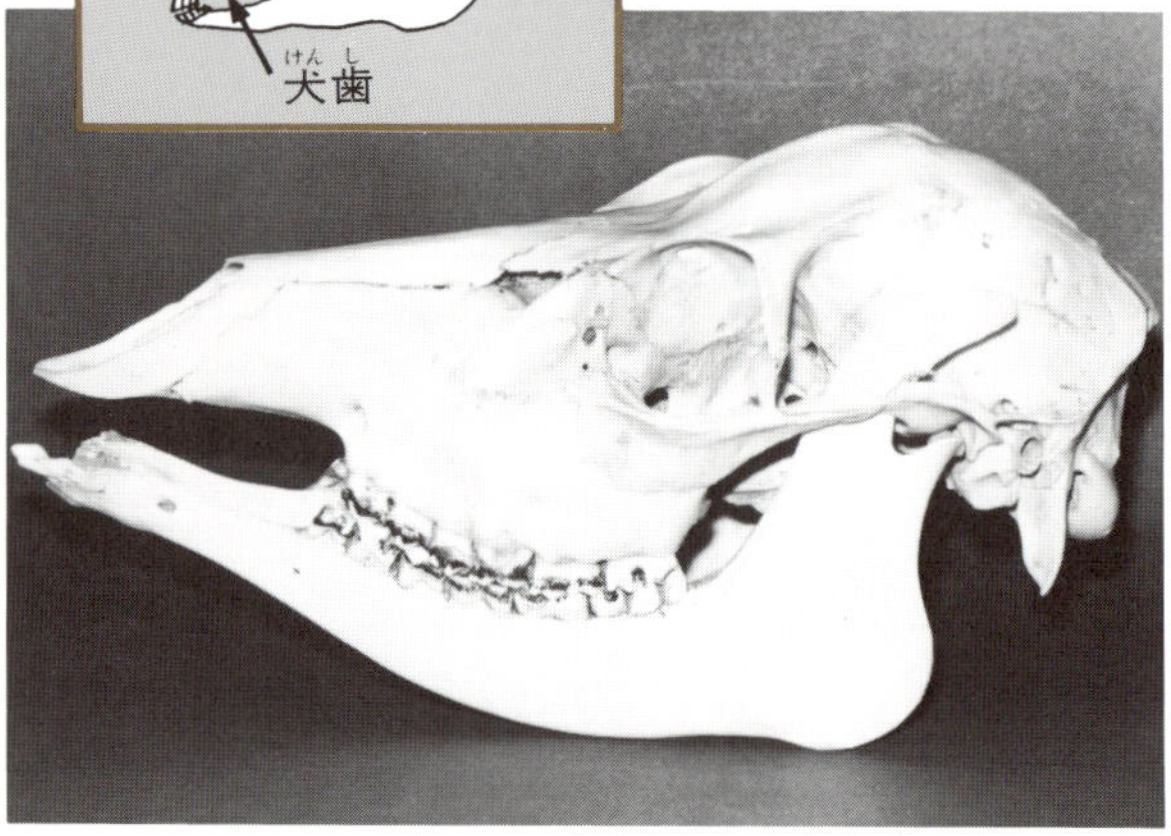

一度《ど》、胃《い》の中《なか》にいれたえさを、もう一度《ど》口《くち》にもどしてかみなおすことを、〝反《はん》すう〟といいます。シカは、反《はん》すうをする動物《どうぶつ》としても知《し》られています。

シカの胃《い》は、四つのへやにわかれています。まず口《くち》からはいったえさは、第《だい》一の胃《い》にいきます。第《だい》一の胃《い》には多《おお》くのバクテリアや原生動物《げんせいどうぶつ》がいて、えさ（植物《しょくぶつ》）にふくまれているセルロースというせんいを分解《ぶんかい》し、消化《しょうか》しやすい物《ぶっ》質《しつ》にかえます。

つぎにえさは、第《だい》二の胃《い》におくられます。第《だい》二の胃《い》では、えさを小《ちい》さくくだき、小《ちい》さなかたまりにします。そして、えさはふたたび口《くち》にもどされ、かみなおされます。かみなおされたえさは、第《だい》三の胃《い》にいき、さらにこまかくくだかれてから、第《だい》四の胃《い》にいきます。この第《だい》四の胃《い》で、えさは消化液《しょうかえき》のはたらきによって、はじめて消化《しょうか》されます。

このように、反《はん》すうは、常《つね》に敵《てき》からねらわれる草食動物《そうしょくどうぶつ》にとって、いそいで食《た》べて、安全《あんぜん》なときに、安全《あんぜん》な場所《ばしょ》で、ゆっくりかみなおすという、べんりなしくみなのです。

※シカの胃《い》の写真提供《しゃしんていきょう》：神奈川県立博物館《かながわけんりつはくぶつかん》小林峯生《こばやしみねお》

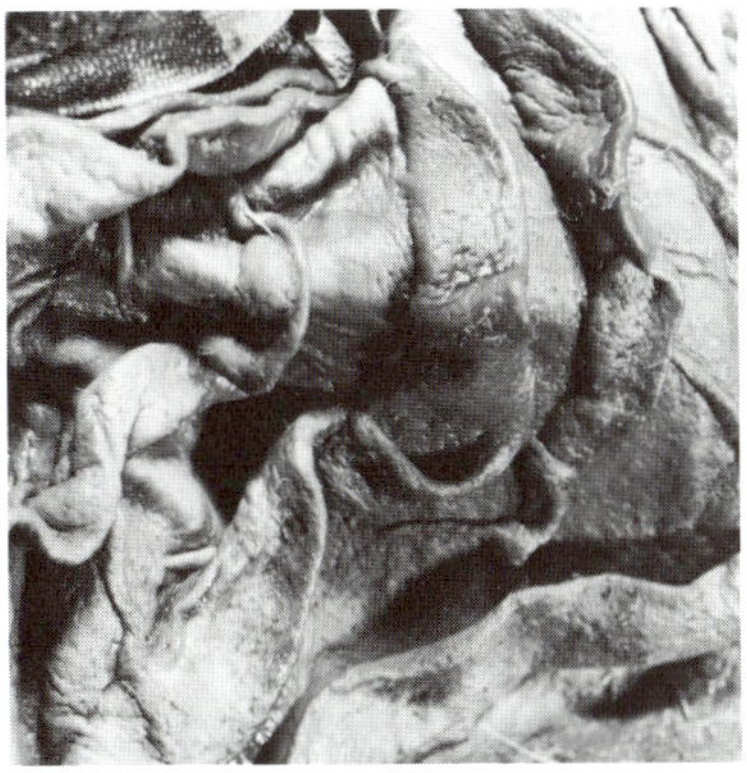

第《だい》四の胃《い》。胃《い》のかべに大小《だいしょう》のしわがあり，ここから養分《ようぶん》を消化吸収《しょうかきゅうしゅう》します。

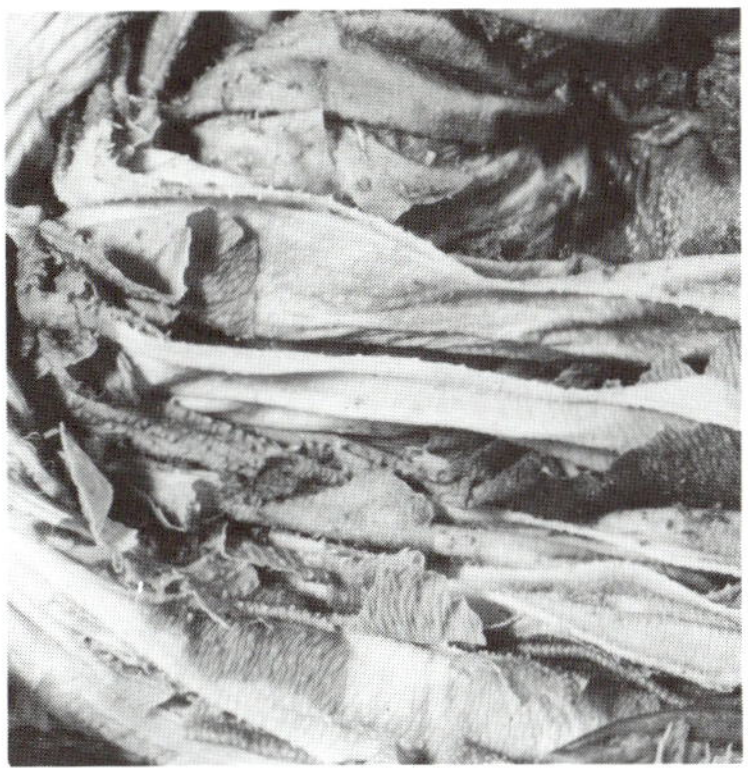

第《だい》三の胃《い》。葉《は》のようなものがひろがっていて，表面《ひょうめん》にこまかいとげがでています。

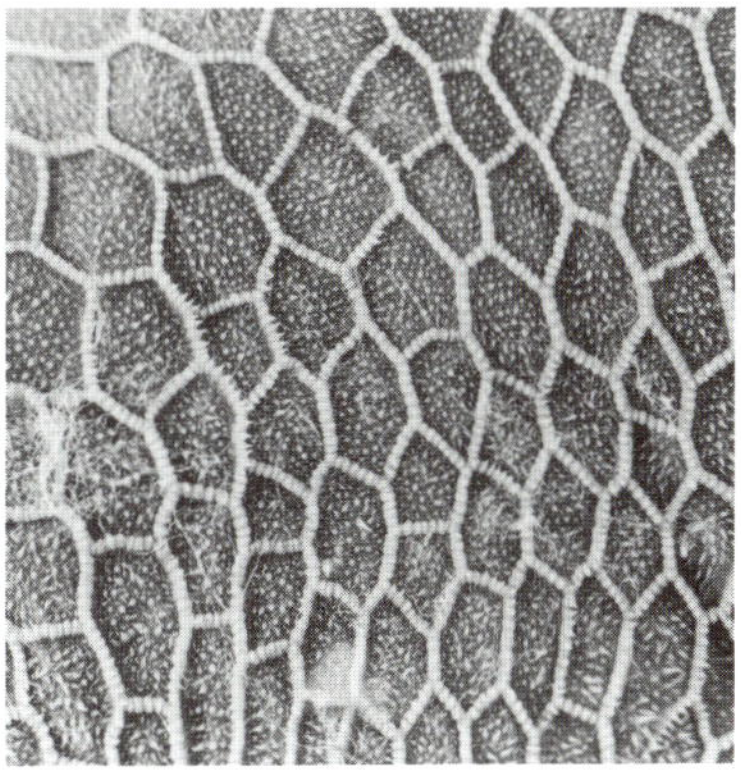

第《だい》二の胃《い》。胃《い》のかべにあみのようなもようがあり，こまかいとげがでています。

シカの反《はん》すうのしくみ

※シカのほかに反《はん》すうする動《どう》物《ぶつ》は，ウシ，キリン，カモシカなどです。いずれも似《に》た胃《い》のしくみをしています。

食道《しょくどう》　第《だい》二の胃《い》で小《ちい》さくされたえさは，横《おう》かくまくや食道《しょくどう》の筋肉《きんにく》，また第《だい》一の胃《い》で発酵《はっこう》したときにでるガスのはたらきで，ふたたび口《くち》にもどされます。

第《だい》一の胃《い》　たくさんのバクテリアや原生動物《げんせいどうぶつ》がいて，植物《しょくぶつ》のせんいを分解《ぶんかい》します。このとき発酵《はっこう》してガスがでます。役目《やくめ》のおわった原生動物《げんせいどうぶつ》は，えさとともに第《だい》二，第《だい》三の胃《い》へ送《おく》られていき，やがて第《だい》四の胃《い》で消化吸収《しょうかきゅうしゅう》され，重要《じゅうよう》なタン白質源《ぱくしつげん》となります。

えさになる植物《しょくぶつ》　たくさんせんいをふくんでいます。

口《くち》　一度目《どめ》にかむときは，だ液《えき》とともに第《だい》一の胃《い》へ送《おく》られます。二度目《どめ》にかむときは，一口分《ひとくちぶん》のえさを20～60回《かい》くらいかみなおし，えさはどろ状《じょう》になります。

第《だい》二の胃《い》　第《だい》一の胃《い》からきたえさを小《ちい》さなかたまりにします。

第《だい》三の胃《い》　二度目《どめ》にかみなおされたえさは，第《だい》三の胃《い》にはいります。水《みず》などは，直接第《ちょくせつだい》三の胃《い》にはいります。

第《だい》四の胃《い》　第《だい》三の胃《い》から送《おく》られてきたえさは第《だい》四の胃《い》にはいり，ここではじめて消化液《しょうかえき》によって消化《しょうか》されます。

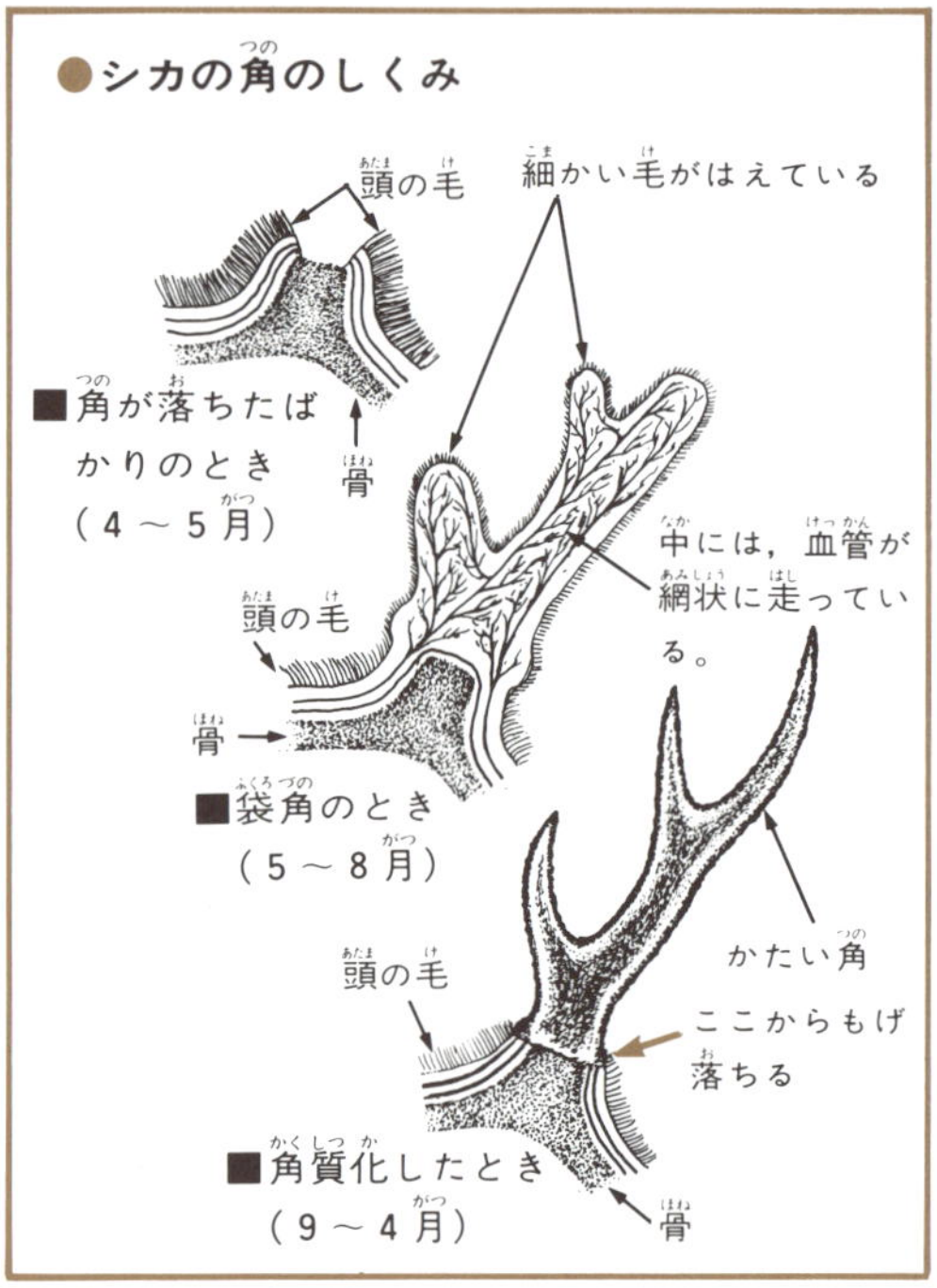

●シカの角《つの》のしくみ
頭《あたま》の毛《け》
細《こま》かい毛《け》がはえている
■角《つの》が落《お》ちたばかりのとき（4～5月《がつ》）
骨《ほね》
中《なか》には，血管《けっかん》が網状《あみじょう》に走《はし》っている。
頭《あたま》の毛《け》
骨《ほね》
■袋角《ふくろづの》のとき（5～8月《がつ》）
頭《あたま》の毛《け》
かたい角《つの》
ここからもげ落《お》ちる
■角質化《かくしつか》したとき（9～4月《がつ》）
骨《ほね》

↑袋角《ふくろづの》の時期《じき》は，角《つの》がきずつきやすく武器《ぶき》としては，あまり役《やく》にたちません。このシカは角《つの》の大《おお》きさから，4才《さい》以上《いじょう》とおもわれます。

＊シカのとくちょう③——角《つの》

シカのもう一つのとくちょうは、えだわかれしたおすの角《つの》です。でも、はじめからこのような角《つの》が生《は》えるわけではありません。毎年《まいとし》、春《はる》になると落《お》ちては生《は》えかわり、そのたびにえだわかれをふやしながら、ふつう満《まん》四才《さい》で三本《ぼん》えだのある角《つの》になります。

角《つの》は落《お》ちたあと、どのように生《は》えかわるでしょう。

角《つの》が落《お》ちたあとは、数日《すうじつ》で皮《かわ》がおおいます。やがて袋角《ふくろづの》とよばれる、先《せん》たんがまるみのあるやわらかい角《つの》がはえてきます。袋角《ふくろづの》は、外側《そとがわ》が細《こま》かい毛《け》のある皮《かわ》でつつまれていて、中《なか》には、あみ状《じょう》に細《ほそ》い血管《けっかん》が走《はし》っています。

八月《がつ》ごろまで生長《せいちょう》をつづけていた袋角《ふくろづの》は、九月《がつ》にはいるとだんだんかたくなり、角《つの》の中《なか》を通《とお》っていた血管《けっかん》の血《ち》の流《なが》れが根《ね》もとからとまります。そして十月《がつ》の結婚《けっこん》の季節《きせつ》には、外側《そとがわ》の皮《かわ》もとれて、骨《ほね》のようなかたい角《つの》になるのです。

シカの角《つの》は、いったいどのような役目《やくめ》をしている

●年令《ねんれい》によるシカの角《つの》

シカの角《つの》は、生《う》まれたその年《とし》には生《は》えません。早《はや》いものでも、生《せい》後《ご》八か月《げつ》くらいたってからです。

図《ず》のような順《じゅん》で生長《せいちょう》するのがふつうですが、四才《さい》以《い》上《じょう》のシカが、かならず三《み》つまたの角《つの》になるとはかぎりません。えだの数《かず》がへることもあります。

また、年《とし》をとりすぎると、角《つの》は小形化《こがたか》するようです。

■満《まん》一才《さい》の秋《あき》

えだのないぼうのような角《つの》がはえており、すぐわかります。この角《つの》のことを、ゴボウヅノともいいます。

■満《まん》二才《さい》の秋《あき》

一本《ぽん》えだわかれして、またが一つある角《つの》になるのがふつうですが、えだが小《ちい》さく、不完全《ふかんぜん》なものもいます。

■満《まん》三才《さい》の秋《あき》

二本《ほん》えだわかれして、またが二つある角《つの》になるのがふつうですが、えだわかれが不完全《ふかんぜん》だったり、角《つの》が小形《こがた》だったりするものがいます。

■満《まん》四才《さい》以上《いじょう》の秋《あき》

三本《ぼん》えだわかれした、りっぱな三つまたの角《つの》になります。年《とし》とったシカでは、まれに四つまたの角《つの》をもつものもいます。

⬆シカの角《つの》は，相手《あいて》を殺《ころ》すことができるほどするどい武器《ぶき》です。しかし，相手《あいて》をけがさせることはあっても，殺《ころ》してしまうことはあまりありません。

のでしょう。敵《てき》から身《み》をまもるためだとしたら、めすジカになぜ生《は》えないのか、また、なぜとちゅうで落《お》ちてしまうのかも説明《せつめい》がつきません。

おすジカが角《つの》をふりかざすのは、おもに結婚《けっこん》の季《き》節《せつ》で、しかも、ほぼおなじ大《おお》きさの角《つの》をもったおすどうしであらそうときです。

ですから、角《つの》は敵《てき》から身《み》をまもる武器《ぶき》にもなりますが、結婚相手《けっこんあいて》をもとめるときの、おすどうしのあいだで優劣《ゆうれつ》をきめるしるしだと考《かんが》えられています。

反《はん》すうをするもの

（ひづめの数《かず》は２つ，胃《い》は３～４室《しつ》にわかれている）

- ラクダ科《か》 — 角《つの》はない
- マメジカ科《か》 — 角《つの》はないが，犬歯《けんし》が発達《はったつ》している。
- シカ科《か》 — おすには角《つの》があり，毎年《まいねん》はえかわる。トナカイには，めすにも角《つの》がある。
- キリン科《か》 — 角《つの》がある
- プロングホーン科《か》 — おす，めすともに角《つの》があり，毎年《まいねん》はえかわるが，シカの角《つの》とちがい，骨《ほね》にしんがある。
- ウシ科《か》（ヤギュウ，レイヨウ，ヤギ　ヒツジ，カモシカなど） — 角《つの》はおす，めすともにあるものと，おすにしかないものがある。骨《ほね》にしんがあり，はえかわることがない。

- イノシシ科《か》
- ペッカリー科《か》
- カバ科《か》

※カバは反《はん》すうをしないが，胃《い》が不完全《ふかんぜん》な３室《しつ》にわかれている。

＊シカのなかま

以上《いじょう》のような、三つのとくちょうをもったシカは、有蹄類《ゆうているい》全体《ぜんたい》のなかで、どのような位置《いち》にいるかをまとめてみました。

世界《せかい》には、約《やく》四十種類《しゅるい》のシカがいます。アフリカとオーストラリアをのぞく地域《ちいき》に、広《ひろ》く分布《ぶんぷ》しています。広《ひろ》い草原《そうげん》にすむシカほど大形《おおがた》で、角《つの》も大《おお》きく発達《はったつ》しています。日本《にっぽん》のシカは、中形《ちゅうがた》のなかまにはいります。

マメジカ　東南《とうなん》アジアにすむ。シカのなかまだが，マメジカ科《か》として分類《ぶんるい》されている。体長《たいちょう》30㎝前後《ぜんご》で，最《もっと》も小《ちい》さなシカのなかま。

ニホンジカ　日本《にっぽん》にすむ。体長《たいちょう》約《やく》１ｍ。近《ちか》い種類《しゅるい》に，台湾《たいわん》のハナジカがいる。

オジロジカ　北《きた》アメリカにすむ。日本《にっぽん》のシカより少《すこ》し大形《おおがた》。体長《たいちょう》は約《やく》1.5～２ｍ。

●ひづめをもった動物《どうぶつ》(有蹄類《ゆうているい》)のなかまわけ

有蹄類《ゆうているい》

偶蹄目《ぐうていもく》

ひづめの数《かず》が偶数《ぐうすう》の動物《どうぶつ》

反《はん》すうをしないもの(ひづめの数《かず》は4つ)

奇蹄目《きていもく》

ひづめの数《かず》が奇数《きすう》の動物《どうぶつ》

ウマ科《か》 ひづめの数《かず》(1)

バク科《か》 (3)

サイ科《か》 (3)

※バクの前足《まえあし》のひづめは4つ

●世界《せかい》のシカ

アカシカ ヨーロッパ，北《きた》アジアにすむ。体長約《たいちょうやく》2～2.5 m。大形《おおがた》のシカで，角《つの》も大《おお》きい。

ヘラジカ 北《きた》アメリカ，ヨーロッパにすむ。体長約《たいちょうやく》3 m，世界《せかい》で一番大《ばんおお》きくなるシカで，かわった角《つの》をもつ。

トナカイ アジア，ヨーロッパ，北《きた》アメリカにすむ。体《たい》長約《ちょうやく》2 m。家畜《かちく》としても利用《りよう》されている。

日本《にっぽん》にすむシカ

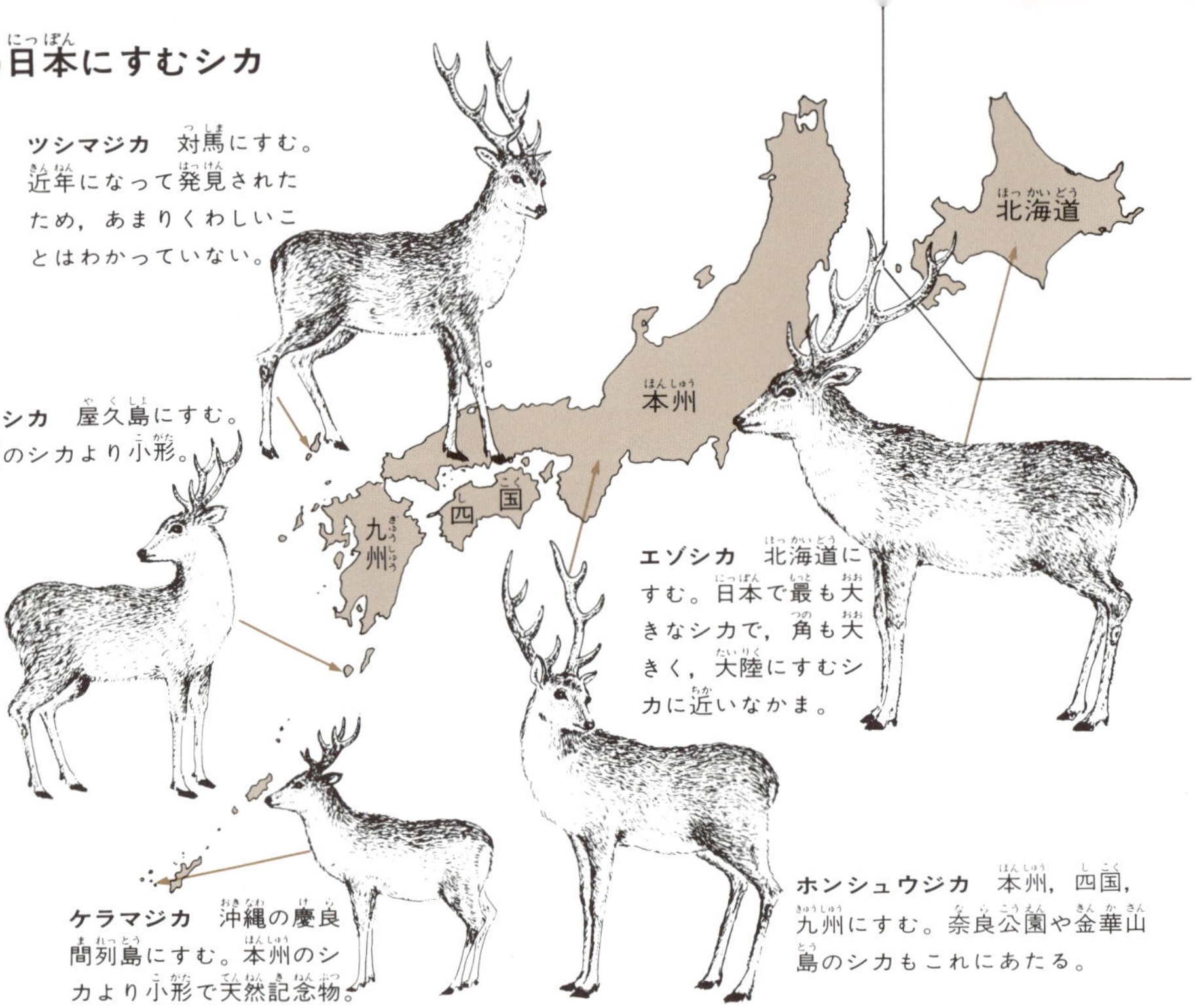

ツシマジカ　対馬《つしま》にすむ。近年《きんねん》になって発見《はっけん》されたため，あまりくわしいことはわかっていない。

ヤクシカ　屋久島《やくしま》にすむ。本州《ほんしゅう》のシカより小形《こがた》。

エゾシカ　北海道《ほっかいどう》にすむ。日本《にっぽん》で最《もっと》も大《おお》きなシカで，角《つの》も大《おお》きく，大陸《たいりく》にすむシカに近《ちか》いなかま。

ホンシュウジカ　本州《ほんしゅう》，四国《しこく》，九州《きゅうしゅう》にすむ。奈良公園《ならこうえん》や金華山《きんかさん》島《とう》のシカもこれにあたる。

ケラマジカ　沖縄《おきなわ》の慶良《けら》間列島《まれっとう》にすむ。本州《ほんしゅう》のシカより小形《こがた》で天然記念物《てんねんきねんぶつ》。

むかしは、日本《にっぽん》の各地《かくち》にシカがすんでいました。地名《ちめい》に〝鹿《しか》〟という字《じ》がつかわれていたり、伝説《でんせつ》やむかし話《ばなし》にシカがよくでてくるのも、シカと人《にん》間《げん》のかかわりあいが古《ふる》くからあったからでしょう。

しかし、乱獲《らんかく》されたり、山《やま》が開発《かいはつ》されたりして数《かず》がへり、いまでは、野生《やせい》のものはごくかぎられた地域《ちいき》でしか、その姿《すがた》をみることができません。

日本《にっぽん》にいるシカをまとめて、ニホンジカとよんでいますが、すんでいる地域《ちいき》によって、大《おお》きさが少《すこ》しずつちがいます。一番《ばん》大《おお》きなシカは北海道《ほっかいどう》のエゾシカで、屋久島《やくしま》のヤクジカや慶良間列島《けらまれっとう》のケラマジカは、最《もっと》も小《ちい》さなシカといわれています。

いっぱんに、動物《どうぶつ》は近縁《きんえん》の種類《しゅるい》の場合《ばあい》、北《きた》にいくほど大《おお》きく、また、せまい島《しま》にすむものほど小《ちい》さいといわれています。日本列島《にっぽんれっとう》は南北《なんぼく》に長《なが》く、しかも島国《しまぐに》です。これらの条件《じょうけん》がかさなって、ニホンジカにも、大《おお》きさの差《さ》がうまれたのでしょう。

＊ニホンジカの分布《ぶんぷ》

＊金華山島《きんかさんとう》のシカ

⬆金華山島《きんかさんとう》のシカには，えづけされているものもあります。しかし，一部《いちぶ》をのぞいては野生状態《やせいじょうたい》をたもっています。

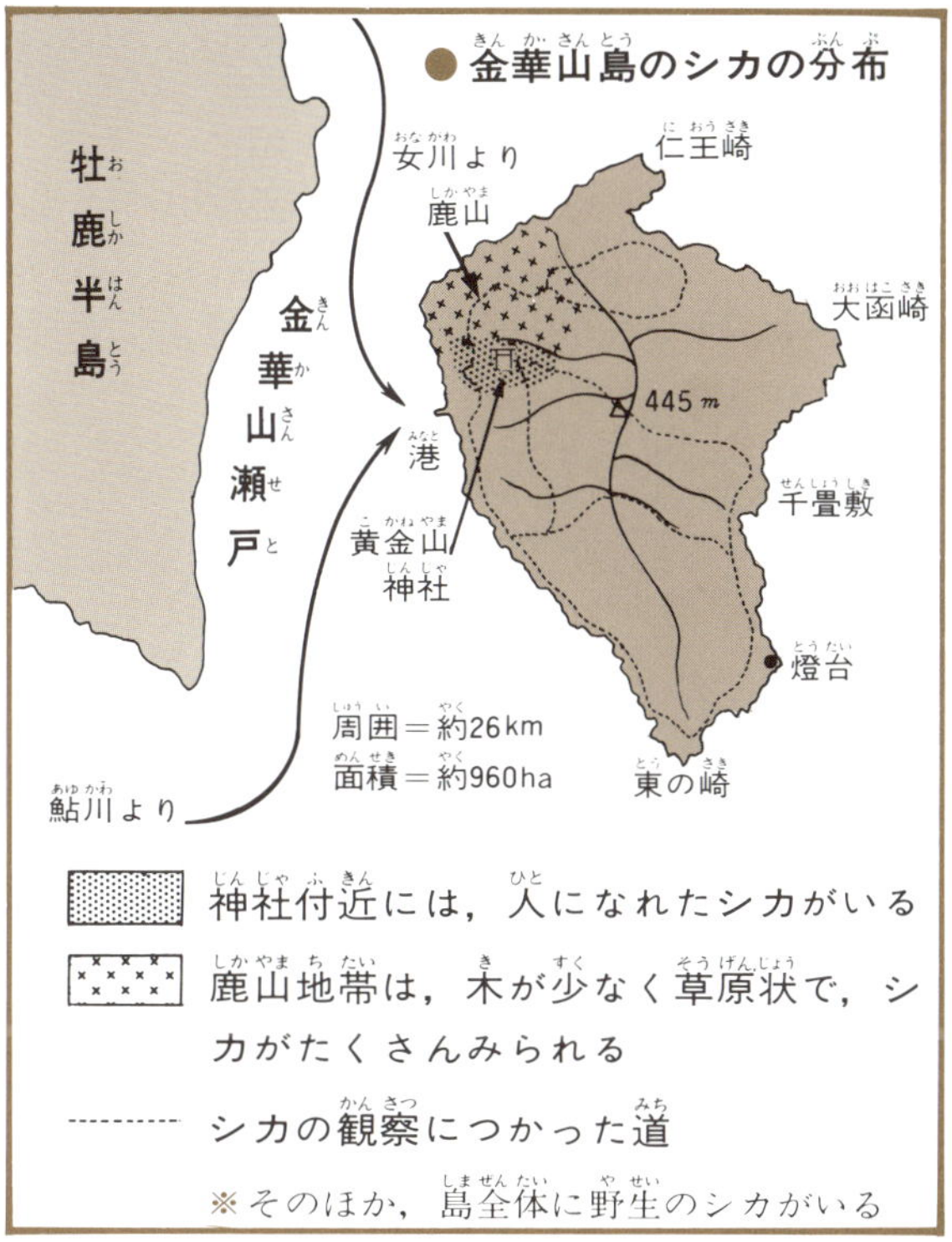

●金華山島《きんかさんとう》のシカの分布《ぶんぷ》
牡《お》鹿《しか》半《はん》島《とう》
金《きん》華《か》山《さん》瀬《せ》戸《と》
女川《おながわ》より
仁王崎《におうさき》
鹿山《しかやま》
大函崎《おおはこさき》
445m
港《みなと》
千畳敷《せんじょうしき》
黄金山《こがねやま》神社《じんじゃ》
燈台《とうだい》
周囲《しゅうい》＝約《やく》26km
面積《めんせき》＝約《やく》960ha
東《とう》の崎《さき》
鮎川《あゆかわ》より
神社付近《じんじゃふきん》には，人《ひと》になれたシカがいる
鹿山地帯《しかやまちたい》は，木《き》が少《すく》なく草原状《そうげんじょう》で，シカがたくさんみられる
シカの観察《かんさつ》につかった道《みち》
※そのほか，島全体《しまぜんたい》に野生《やせい》のシカがいる

金華山島《きんかさんとう》は、まわりを海《うみ》にかこまれた小《ちい》さな島《しま》です。このせまい島《しま》に、現在《げんざい》約《やく》五百頭《ひゃくとう》のシカがすんでいます。

牡鹿半島《おしかはんとう》の近《ちか》くには、おなじような小《ちい》さな島《しま》がいくつかありますが、シカのすんでいる島《しま》は金華《きんか》山島《さんとう》だけです。牡鹿半島《おしかはんとう》にすんでいたシカが、約《やく》一キロメートルの海峡《かいきょう》を泳《およ》いでわたってきたのでしょうか、それとも別《べつ》の場所《ばしょ》からつれてこられたのでしょうか。それはよくわかっていません。

金華山島《きんかさんとう》のシカは、大《おお》きく三つのグループにわけることができます。

一つは、黄金山神社付近《こがねやまじんじゃふきん》にいるえづけされたシカです。このシカは、よく人《ひと》なれしています。もう一つは、鹿山一帯《しかやまいったい》にすむシカで、ときどき人《ひと》まえにでてきますが、黄金山神社《こがねやまじんじゃ》のシカほど人《ひと》なれしていません。そしてもう一つは、山《やま》にすむ野生《やせい》のシカで、人前《ひとまえ》にでてこず、人《ひと》と会《あ》うとにげます。

↓若木《わかぎ》がない森《もり》のようす。下草《したくさ》や木《き》の芽《め》ばえが食《た》べつくされてしまうので，森《もり》には若《わか》い木《き》がそだちません。

↑おすとめすがいりまじった群《む》れ。ふつうは，結婚《けっこん》の季節以外《きせついがい》は，おすとめすは別《べつ》べつに行動《こうどう》します。

金華山島《きんかさんとう》には、多《おお》くの尾根《おね》や谷《たに》があり、小川《おがわ》もあちこちに流《なが》れています。島《しま》の面積《めんせき》の約《やく》八十パーセントは原生林《げんせいりん》です。その上《うえ》、島《しま》には敵《てき》になる肉食《にくしょく》の野《や》生動物《せいどうぶつ》はいません。シカがはんしょくするには、この上《うえ》ない自然環境《しぜんかんきょう》のようにみえます。

しかし、シカの数《かず》がふえつづけた結果《けっか》、シカのくらしに、いくつかの不自然《ふしぜん》なすがたがみられるようになってきました。たとえば金華山島《きんかさんとう》では、秋以外《あきいがい》にも、おすとめすがいっしょの群《む》れにいるのがみられますし、また、ほかの地方《ちほう》ではみられない大《おお》きな群《む》れになっていることもあります。

そればかりではありません。島《しま》の植物《しょくぶつ》にも深刻《しんこく》な影響《えいきょう》がではじめています。シカが新芽《しんめ》や若葉《わかば》を食《た》べつくしてしまうので、若《わか》い木《き》がそだたないのです。つぎの世代《せだい》をひきつぐ若《わか》い木《き》がそだたないと、やがて、森《もり》に木《き》がなくなってしまいます。現在《げんざい》でも、木《き》がそだたないで、草原《そうげん》のままの場所《ばしょ》が、島《しま》のあちこちにあります。

●シカの食《た》べない植物《しょくぶつ》

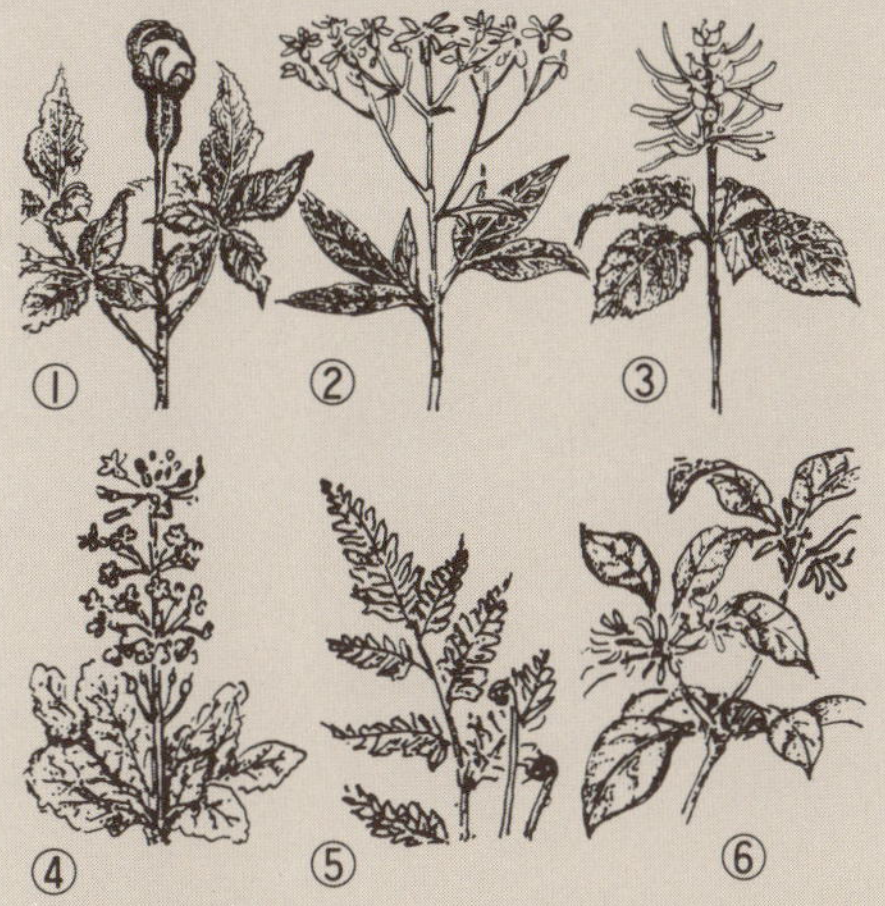

金華山島《きんかさんとう》で，よくしげっているようにみえる草《くさ》は，実《じつ》はシカがほとんど食《た》べないためにのこっている植物《しょくぶつ》です。①ミミガタテンナンショウ②ハンゴンソウ③ヒトリシズカ④クリンソウ⑤ヒメワラビ⑥シキミ

●シカの食《た》べあと

①えだがじゃまなため，えだのあいだに食《た》べのこされたアズマネザサ。②ヒメワラビ。ふつうシカは食《た》べませんが，まちがって食《た》べることもあります。③いつも食《た》べられる木《き》は生長《せいちょう》できずにかれてしまいます。④ガマズミ。割合《わりあい》に強《つよ》く，あまりかれませんが，盆栽《ぼんさい》のようにまるく小《こ》形化《かたか》しています。

⬆シカの食害《しょくがい》をふせいだり，その調査《ちょうさ》のために島《しま》のあちこちにはりめぐらされたさく。さくの内《うち》と外《そと》では，植物《しょくぶつ》の生長《せいちょう》がはっきりちがっています。

また、まるでかられたようにまるみをおびたり、かれてしまった木《き》が、あちこちにみられます。木《き》の下《した》にはえている草《くさ》は、おもにシカが食《た》べない草《くさ》や、食《た》べられてもすぐはえてくる生命力《せいめいりょく》の強《つよ》い草《くさ》です。

では金華山島《きんかさんとう》のシカは、これからどうなっていくのでしょう。このままふえつづければ、島《しま》の大部分《だいぶぶん》は草原《そうげん》にかわり、シカにとっては好都合《こうつごう》のようにみえます。でも、このような環境《かんきょう》では、ひとたび大雪《おおゆき》などにおそわれると、うえのため死《し》ぬシカがたくさんでます。敵《てき》がいなくても、バランスをうしなった自然《しぜん》は、かならずしも安全《あんぜん》とはいえないようです。

＊シカの一年《ねん》

↑夏《なつ》にみつけためすの群《む》れ。まだ母《はは》親《おや》といっしょにいる若《わか》いおすジカもまじっています。

これまでみてきたように、ニホンジカは、ふつうおすとめすとが別《べつ》べつの群《む》れをつくってくらしています。しかし、季《き》節《せつ》によって、群《む》れには、さまざまな変《へん》化《か》がおこります。

また、おすもめすも季《き》節《せつ》によって毛《け》のようすがちがい、おすでは角《つの》のようすもちがいます。そのさまざまな変《へん》化《か》を、一年《ねん》をとおしてまとめてみました。

よく年《ねん》の9月《がつ》
子《こ》どもがおすの場《ば》合《あい》は，よく年《ねん》の夏《なつ》までに親《おや》とわかれるものが多《おお》い
山《やま》で子《こ》どもをうみ，しばらくは子《こ》どもから遠《とお》くはなれない
出《しゅっ》産《さん》が近《ちか》づくと，めすは群《む》れからはなれていく
どもをうまなめすもいる
めすの群《む》れ（数《すう》頭《とう》）
6月《がつ》
5月《がつ》
12月《がつ》
夏《なつ》毛《げ》にかわる
角《つの》が落《お》ちる
おすの群《む》れ（1～数《すう》頭《とう》）

●シカの一日《にち》

シカの一日《にち》は、食《た》べたり休《やす》んだりのくりかえしです。しかし、季《き》節《せつ》によって活《かつ》動《どう》する時《じ》間《かん》帯《たい》がちがっています。

夏《なつ》は、早《そう》朝《ちょう》や夕《ゆう》方《がた》にえさをとり、日《にっ》中《ちゅう》は木《こ》かげで休《やす》むことが多《おお》いようです。夏《なつ》はえさが豊《ほう》富《ふ》で、短《みじか》い時《じ》間《かん》でも多《おお》くのえさがとれることと、日《にっ》中《ちゅう》の暑《あつ》さをさけていることが考《かんが》えられます。

えさにとぼしい冬《ふゆ》は、朝《あさ》夕《ゆう》にかぎらず、日《にっ》中《ちゅう》もえさをさがしては食《た》べています。

また、シカは夏《なつ》も冬《ふゆ》も、夜《や》間《かん》に何《なん》時《じ》間《かん》かえさを食《た》べているようです。

動《どう》したりえさを食《た》
たりする
すうしたり休《やす》んだ
，うとうとねむっ
りする
すうしたりねむっ
りする

↑冬《ふゆ》にみつけた2才《さい》くらいのおすジカ。すでに母《はは》ジカとわかれて，おすジカの群《む》れにいました。

めすとおすはわかれて，また別《べつ》べつの群《む》れになる

子《こ》どもがおすの場合《ばあい》，よく年《ねん》の早春《そうしゅん》には，小《ちい》さな角《つの》がはえる

よく年《ねん》の2月《がつ》

よく年《ねん》の5

子《こ》どもがめすの場合《ばあい》は，そのままめすの群《む》れにくわわる

11月《がつ》

結婚《けっこん》のあと，めすはおすとわかれる

5月《がつ》

おすはめすの群《む》れにはいってきて，数頭《すうとう》のめすといっしょに行動《こうどう》する

子《こ》どもをつれてめすの群《む》れにもどる

子《こ》どもが生長《せいちょう》するつれて歩《ある》

交尾《こうび》する

このころ冬《ふゆ》毛《げ》にかわる

10月《がつ》　9月《がつ》　8月《がつ》　7月《がつ》

袋角《ふくろづの》の生長《せいちょう》がとまり角質化《かくしつか》していく

夏《なつ》のあいだ袋角《ふくろづの》どんどん生長《せいちょう》す

結婚《けっこん》の季節《きせつ》

おすの群《む》れは，ばらばらになる

11月《がつ》

結婚《けっこん》のあとおすはめすとわかれてくらす

どろあびをする

めすをもとめて鳴《な》く

上《うわ》くちびるをめくりあげる

角《つの》つきあい

おすはどくとくのしぐさをする

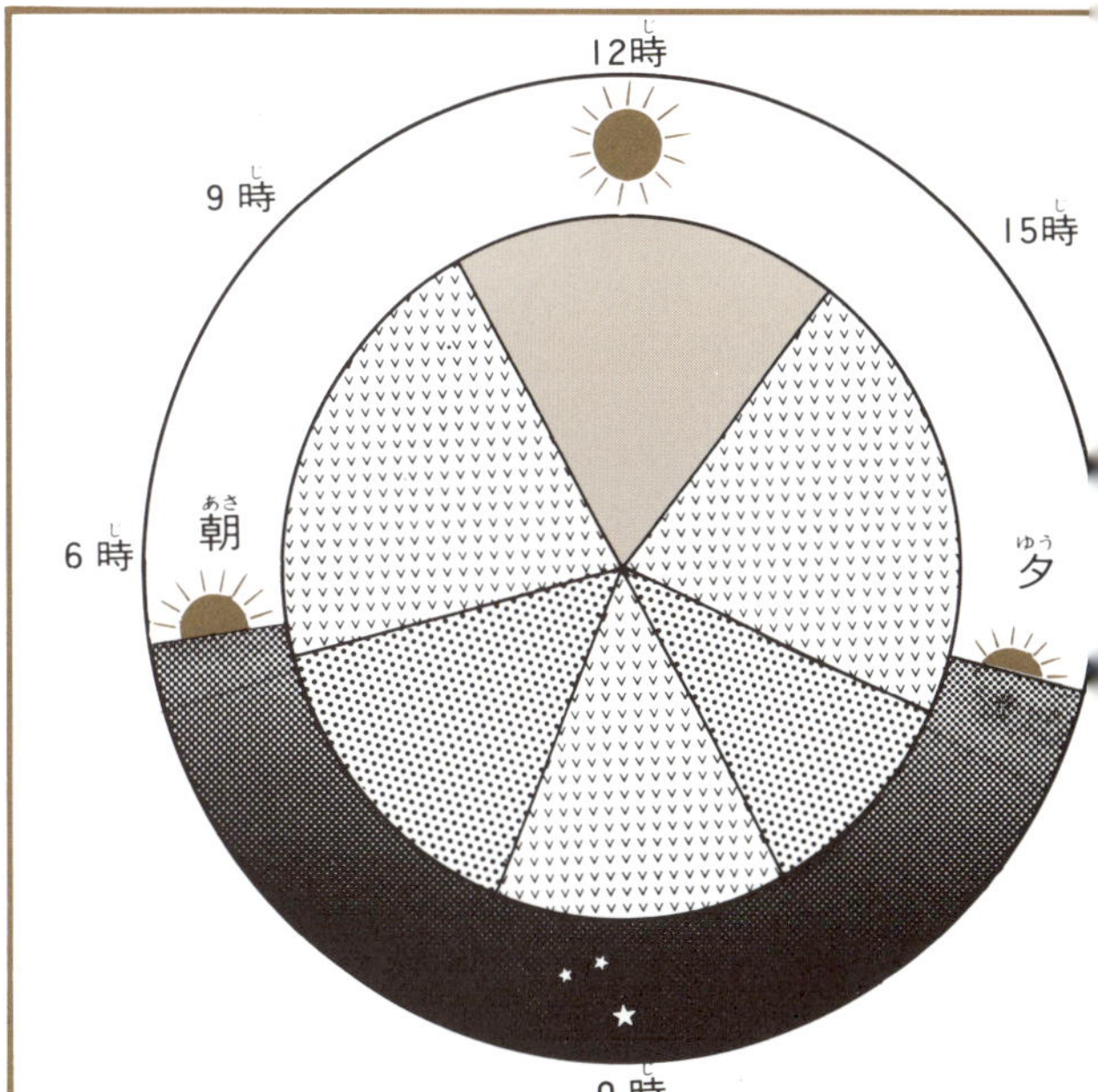

あとがき

夏《なつ》、シカをさがして森《もり》を歩《ある》くと、目《め》にあせがはいってきていたくなります。冬《ふゆ》、シカをおって山《やま》にのぼると、足《あし》はかじかみ、はく息《いき》はまっ白《しろ》です。

十キロもあるレンズのついた三脚《きゃく》を、かついで山《やま》を歩《ある》くと、三脚《きゃく》が肩《かた》にくいこみ、足《あし》はぼうのようになり、もう歩《ある》きたくないとおもうこともしばしばです。ところが、そんな時《とき》でもシカとばったり出会《であ》うと、自分《じぶん》でもふしぎなくらい敏速《びんそく》な動《うご》きでシカにレンズを向《む》けているのです。しかし、ファインダーにはいったシカにピントがあい、いざシャッターを切《き》ろうとすると、シカは、まるでその時《とき》をまっていたかのように、にげてしまうことが多《おお》いのです。

そしてまた、ぼうのような足《あし》をひきずり、重《おも》いカメラをかついで歩《ある》くことのくりかえしがはじまります。もちろん、なぐさめてくれるものなど、なにもありません。写《うつ》せなかったくやしさだけが、つぎの撮影《さつえい》への意欲《いよく》となります。

そんな気持《きも》ちで撮《と》りつづけてきたシカも、こうして一冊《さつ》の本《ほん》にまとまると、苦《くる》しくてつらかったことも、少《すこ》しずつ楽《たの》しい思《おも》い出《で》にかわろうとしています。

この本《ほん》を出《だ》すにあたって、多《おお》くの方《かた》がたにお世話《せわ》になりました。なかでも、金華山島《きんかさんとう》のシカについて、いろいろご教示《きょうじ》してくださった伊藤健雄《いとうたけお》先生《せんせい》、それに、原稿整理《げんこうせいり》をてつだってくださった石川《いしかわ》みな子《こ》さんに、心《こころ》からお礼《れい》を申《もう》しあげます。

増田戻樹《ますだもどき》

（一九八〇年一月）

NDC489
増田戻樹
科学のアルバム　動物・鳥 9
シカのくらし

あかね書房 1980
54P　23×19cm

科学のアルバム

シカのくらし

一九八〇年 一 月初版
二〇〇五年 四 月新装版第 一 刷
二〇二三年一〇月新装版第一二刷

著者　増田戻樹

発行者　岡本光晴
発行所　株式会社 あかね書房
〒一〇一－〇〇六五
東京都千代田区西神田三－二－一
電話〇三－三二六三－〇六四一（代表）
https://www.akaneshobo.co.jp

印刷所　株式会社 精興社
写植所　株式会社 田下フォト・タイプ
製本所　株式会社 難波製本

ISBN978-4-251-03367-3
定価は裏表紙に表示してあります。

○表紙写真
・袋角《ふくろづの》がはえてきたおすジカ

○裏表紙写真（上から）
・母親《ははおや》ジカと子《こ》ジカ
・雪《ゆき》の草原《そうげん》を走《はし》るシカ
・毛《け》づくろいをしているシカの夫婦《ふうふ》

○扉写真
・母親《ははおや》を待《ま》つ子《こ》ジカ

○もくじ写真
・走《はし》る子《こ》ジカ

科学のアルバム

全国学校図書館協議会選定図書・基本図書
サンケイ児童出版文化賞大賞受賞

虫

モンシロチョウ
アリの世界
カブトムシ
アカトンボの一生
セミの一生
アゲハチョウ
ミツバチのふしぎ
トノサマバッタ
クモのひみつ
カマキリのかんさつ
鳴く虫の世界
カイコ まゆからまゆまで
テントウムシ
クワガタムシ
ホタル 光のひみつ
高山チョウのくらし
昆虫のふしぎ 色と形のひみつ
ギフチョウ
水生昆虫のひみつ

植物

アサガオ たねからたねまで
食虫植物のひみつ
ヒマワリのかんさつ
イネの一生
高山植物の一年
サクラの一年
ヘチマのかんさつ
サボテンのふしぎ
キノコの世界
たねのゆくえ
コケの世界
ジャガイモ
植物は動いている
水草のひみつ
紅葉のふしぎ
ムギの一生
ドングリ
花の色のふしぎ

動物・鳥

カエルのたんじょう
カニのくらし
ツバメのくらし
サンゴ礁の世界
たまごのひみつ
カタツムリ
モリアオガエル
フクロウ
シカのくらし
カラスのくらし
ヘビとトカゲ
キツツキの森
森のキタキツネ
サケのたんじょう
コウモリ
ハヤブサの四季
カメのくらし
メダカのくらし
ヤマネのくらし
ヤドカリ

天文・地学

月をみよう
雲と天気
星の一生
きょうりゅう
太陽のふしぎ
星座をさがそう
惑星をみよう
しょうにゅうどう探検
雪の一生
火山は生きている
水 めぐる水のひみつ
塩 海からきた宝石
氷の世界
鉱物 地底からのたより
砂漠の世界
流れ星・隕石